SITZUNGSBERICHTE DER SÄCHSISCHEN AKADEMIE
DER WISSENSCHAFTEN ZU LEIPZIG

Mathematisch-naturwissenschaftliche Klasse
Band 121 · Heft 2

DAGMAR HÜLSENBERG

NEUE GLAS- UND KERAMIKWERKSTOFFE — WERKSTOFFE DER ZUKUNFT

Mit 18 Abbildungen und 6 Tabellen

AKADEMIE-VERLAG BERLIN
1989

Vorgetragen in der Sitzung am 9. Oktober 1987
Manuskript eingeliefert am 10. Dezember 1987
Druckfertig erklärt am 26. 11. 1988

ISBN 3-05-500562-7
ISSN 0371-327X

Erschienen im Akademie-Verlag Berlin, Leipziger Straße 3—4, Berlin, DDR-1086

Lizenznummer: 202 · 100/387/88
Printed in the German Democratic Republic
Gesamtherstellung: VEB Druckhaus „Maxim Gorki", 7400 Altenburg
LSV 1255
Bestellnummer: 7638773 (2027/121/2)

00500

INHALT

1. Einführung

„*Glas und Keramik für Schlüsseltechnologien — Schlüsseltechnologien für Glas und Keramik*", so etwa könnte die Aufgabenstellung für jeden industrialisierten Staat lauten. Hochtechnologie Keramik und Hochtechnologie Glas sind nicht mehr nur Wunsch, sondern technische Realität und Herausforderung.

Glas- und Keramikerzeugnisse sind seit rund 4000 bzw. 6000 Jahren bekannt, und gerade deshalb wird von Nichtfachleuten häufig die Frage gestellt, ob denn da noch etwas Neues zu erwarten wäre. Für viele Menschen erschöpfen sich die Begriffe Glas und Keramik mit Tellern, Tassen, Trink- und Fenstergläsern, Baukeramik und vielleicht noch Porzellanisolatoren.

Dabei bin ich unbedingt dafür, daß man sich von dem ästhetischen Genuß gefangennehmen läßt, der z. B. von einem venezianischen Fadenglas des 16. Jahrhunderts ausgeht, oder von einem mit höchstem handwerklichem Können im 19. Jahrhundert in Böhmen hergestellten Römer. Noch heute stellen wir in Meißen und Plaue wunderschönes Porzellan für den täglichen Gebrauch und zur Zierde her.

Aber auch *technische* Glas- und Keramikerzeugnisse umgeben uns bereits seit etwa 100 Jahren. Die Energieübertragung wäre ohne Porzellanisolatoren undenkbar. Hochspannungsfreiluftschalter sind ein weiteres eindrucksvolles Beispiel für den Einsatz von Hochspannungsisolatoren.

Wenn von Glas und Keramik im Bauwesen gesprochen wird, verbinden sich damit traditionell Vorstellungen zu Ziegeln, Klinkern, Fenstern und Sanitärporzellan. In den vergangenen 40 Jahren haben sich gleichzeitig vor allem in Verbindung mit Stahlskelettbauten komplette Glasverkleidungen durchgesetzt. Meist provoziert hier der transparente Werkstoff Glas völlig neue Gestaltungsideen.

2. Einige Eigenschaften traditioneller Gläser und Keramiken

Welches sind die Eigenschaften, die dazu führten, daß sich Gläser und Keramiken bereits in der Vergangenheit einen festen Platz in der Werkstoffpalette sicherten?

Man findet vor allem deshalb so viele Keramik- und Glasscherben bei archäologischen Grabungen, weil sie im Vergleich zu anderen Werkstoffen *chemisch* und damit gegen Verwitterung erheblich *resistenter* sind. Dabei hängt der Umfang der Korrosion von der konkreten chemischen Zusammensetzung des Glases oder der Keramik ebenso wie von der Aggressivität des umgebenden Mediums ab. Interessant ist, daß einerseits viele traditionelle Gläser, wie das im Kombinat Technisches Glas Ilmenau oder im Jenaer Glaswerk produzierte Rasothermglas, beim Gebrauch in Säuren sogar chemisch resistenter werden. Andererseits greift Flußsäure die Grundstruktur handelsüblicher Gläser so stark an, daß sie sich letztlich in ihr auflösen. Das zeigt, daß zur chemischen Beständigkeit globale Aussagen nicht möglich sind. Für den Einzelfall muß man sie stets präzisieren.

Ein anderer Grund für den vielseitigen Einsatz insbesondere der verschiedensten Keramikwerkstoffe resultiert aus ihrer *Hochtemperaturbeständigkeit.* Darunter versteht man die Fähigkeit, bei hohen Temperaturen formstabil zu bleiben, was nicht mit Temperaturwechselbeständigkeit verwechselt werden darf. 1000 °C Einsatztemperatur vertragen die meisten Keramiken. Ein weiterer Vorteil besteht darin, daß bis etwa 1300 °C diese Fähigkeit nicht an besondere Umweltbedingungen, d. h. reduzierende oder oxidierende Atmosphäre, gebunden ist.

Weiterhin besitzen traditionelle Gläser und Keramiken einen relativ hohen spezifischen *elektrischen Widerstand.* Viele vor allem Keramikwerkstoffe wurden bereits auch in der Vergangenheit mit diesem Ziel entwickelt. Aufgrund der Besonderheit, daß — wenn überhaupt — in traditionellen Gläsern und Keramiken Ionen die elektrische Ladung transportieren, fällt jedoch mit steigender Temperatur der Widerstand (Abb. 1). Definitionsgemäß ist Porzellan deshalb nur bis 300 °C als Isolator einsetzbar.

Gläser haben schon im Altertum durch ihre *Transparenz* fasziniert. Schönheit und Gebrauchswert gehen hier Hand in Hand. Vor allem mit der Entwicklung der Medizin- und Beleuchtungstechnik finden jedoch bereits in der Mitte unseres Jahrhunderts solche Gläser breites Interesse, die auch im ultravioletten und infraroten Bereich transparent sind. Insbesondere konzentrierte sich das technische Interesse auf Kieselglas, d. h. amorphes SiO_2. Das Transparenzspektrum geht aus Abb. 2 hervor.

Problematisch ist die *Sprödbruchempfindlichkeit* von Glas und Keramik. Auch gegenwärtig begrenzt dieser plötzliche, häufig schon bei geringen Belastungen eintretende Bruch die Einsatzpalette dieser Werkstoffe noch erheblich.

Aber mit dieser Situation muß man sich nicht abfinden. Es ist bekannt, daß Glas und Keramik nur gegenüber bestimmten Beanspruchungsarten empfindlich sind und z.B. relativ hohe Drücke aushalten. So, wie man auch im täglichen Umgang gelernt hat, Plaste nicht hohen Temperaturen auszusetzen,

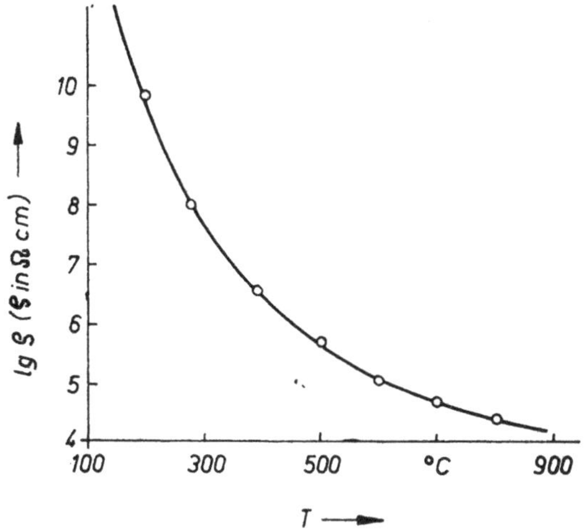

Abb. 1. Spezifischer elektrischer Widerstand von Hochspannungsporzellan in Abhängigkeit von der Temperatur

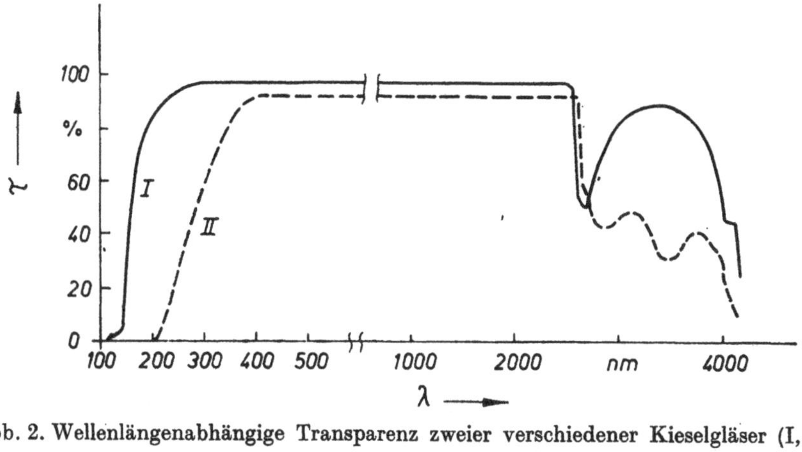

Abb. 2. Wellenlängenabhängige Transparenz zweier verschiedener Kieselgläser (I, II)

muß man Analoges bezüglich der mechanischen Beanspruchungen auf Zug und Biegung für Gläser und Keramiken beachten. Für den Fachmann heißt das „werkstoffgerechtes Konstruieren“ ebenso wie technologische Maßnahmen zur Verfestigung von Glas- und Keramikerzeugnissen. Durch Ionenaustausch verfestigte Gläser haben sich in Gaststätten bestens bewährt. Was zu tun ist, um z.B. die Keramikwerkstoffe selbst hochfest zu erhalten, wird Gegenstand des Abschlusses des Artikels sein.

Bis vor etwa 40 Jahren waren — trotz 4000 Jahren Tradition — die Kenntnisse zur Struktur von Gläsern und Keramiken und zum Zusammenhang zwischen Struktur, Technologie und Eigenschaften noch so gering, daß die Werkstoffentwicklung mehr mit Empirie als mit Wissenschaft zu tun hatte. Hier hat eine grundsätzliche Wandlung eingesetzt. Trotzdem stehen wir erst ganz am Anfang der gezielten Entwicklung von Glas- und Keramikwerkstoffen. Das Tor zum Werkstoff nach Maß wurde jedoch bereits aufgestoßen. Ihm gehört die Zukunft.

3. Einige entscheidende Erkenntnisse der Strukturforschung

Wieso ist man heute in der Lage, solche qualitativen Fortschritte bei der Entwicklung von Glas- und Keramikwerkstoffen zu erreichen?

Zunächst wurden die entscheidenden Unterschiede zwischen metallischen und anorganisch-nichtmetallischen Werkstoffen erforscht. Metalle bestehen im Mikrobereich aus Atomrümpfen und einer sie umgebenden Wolke aus frei beweglichen Elektronen. Durch die hohe Beweglichkeit der Elektronen ist es nicht möglich, ein einzelnes einem speziellen Atomrumpf zuzuordnen. Bei von außen wirkenden mechanischen Beanspruchungen hat das zur Folge, daß sich das Metall duktil verformt und erst bei Überschreiten einer relativ hoch liegenden Festigkeitsgrenze bricht.

Anders ist es bei anorganisch-nichtmetallischen Werkstoffen, zu denen die Gläser und Keramiken gehören. Sie bestehen aus Anionen und Kationen. Damit sind die Elektronen fest an die Ionen gebunden, entweder im Überschuß bei den Anionen oder als Mangel bei den Kationen. Zwischen den Ionen treten definierte Energiebarrieren auf. Wirkt eine äußere Belastung auf den Werkstoff, erfolgt eine Verschiebung der Ionen gegeneinander nur durch ein Aufreißen von elektrischen Bindungen. Damit ist die Voraussetzung für den Sprödbruch geschaffen.

Die Bindungen zwischen den Anionen und Kationen können vielfältig sein, wobei für Gläser und Keramiken heteropolare, homöopolare, Hybrid- und Van der Waalssche Bindungen die häufigsten sind. Meist herrschen Mischbindungen vor. Man hat herausgefunden, daß homöopolare und Hybridbindungen die mechanisch stabilsten sind. Sie sollten demnach in hochfesten Gläsern und vor allem Keramiken im Mittelpunkt stehen.

Es gehört zum technischen Grundwissen, daß Keramiken im Mikrobereich im wesentlichen kristallin und Gläser amorph aufgebaut sind. Weiterhin verbindet sich auch für den Nichtfachmann mit dem Begriff „kristallin“ die Vorstellung von periodischer Anordnung der Ionen über einen größeren Bereich, die sog. Fernordnung, und mit dem Begriff „amorph“ das Fehlen dieser Fernordnung. Bei glasigen Werkstoffen existiert der Ordnungszustand nur über wenige Ionenlagen hinweg. Es liegt also lediglich eine Nahordnung vor. Es wurde verallgemeinert: Gläser sind im Mikrobereich ungeordnet, kristalline Werkstoffe dagegen geordnet.

Wie sich herausgestellt hat, ist diese Betrachtungsweise jedoch unzulässig stark vereinfacht. Die Kristalle haben nur im Ausnahmefall eine ideale Struktur. Meist wird sie durch Fehlordnungen gestört. Und auch im Mikrobereich der Gläser ist die Unordnung nicht eine totale, sondern man findet Bereiche ganz unterschiedlichen Ordnungsgrades dicht nebeneinander. Man spricht von Mikroentmischungen, die so klein sind, daß sie nur mittels Elektronenmikroskop nachgewiesen werden können. Makroskopisch kann ein entmischtes Glas völlig

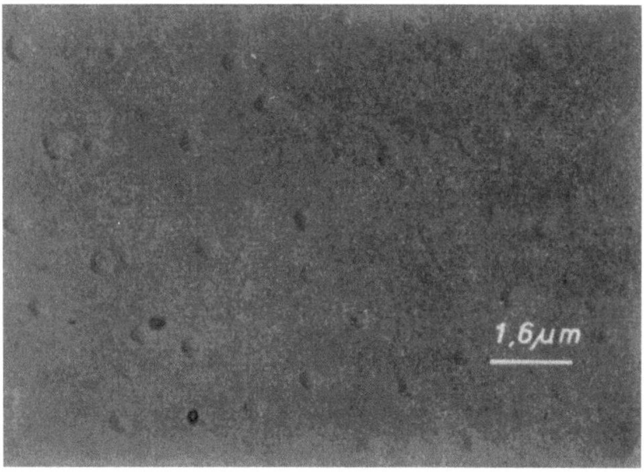

Abb. 3. TEM-Aufnahme eines entmischten Glases der Zusammensetzung 53 Mol-% CaO, 18 Mol-% B_2O_3, 29 Mol-% Al_2O_3 [1]

transparent sein, denn solche Entmischungen sind in der Regel nur etwa 10···50 nm groß. Da die Entmischungen eine selbständige Phase mit definierter chemischer Zusammensetzung darstellen, die sich von ihrer Umgebung unterscheidet, resultiert daraus die Ausbildung von Phasengrenzen mit entsprechender Grenzflächenenergie. Da ein Grundgesetz der physikalischen Chemie besagt, daß Grenzflächenenergien einem Minimum zustreben, erscheinen diese Entmischungen geometrisch als Tröpfchen in einer Matrixphase, s. Abb. 3 für Entmischungen in einem Cabal-Glas.

Die Tatsache, daß jedes Glas mehr oder weniger stark zu Entmischungen neigt, wurde von Vogel [2] in den 60er Jahren in Jena festgestellt. Der technisch und werkstoffseitig entscheidende Schritt besteht nun darin, sich durch gezielte Beeinflussung diese Entmischungen dienstbar zu machen.

Ein Weg dahin besteht in der *vollständigen Vermeidung von Entmischungen*. Das ist für optische Gläser höchster Transparenz, z. B. für Präzisionsoptiken oder für Glas-Lichtwellenleitfasern, das Gebot der Stunde.

In einem anderen Fall werden durch gezielte Wärmebehandlung in den Tröpfchen solche thermodynamischen Bedingungen geschaffen, daß sie *kristallisieren*. Es entsteht die neue Werkstoffgruppe der Vitro- oder Glaskeramiken. Die Glaskeramik ist demnach ein partiell kristallisierter Werkstoff, der nach der Glastechnologie hergestellt und anschließend einer definierten Wärmebehandlung ausgesetzt wurde. Abbildung 4 zeigt SiO_2-haltige, hexagonale $BaTiO_3$-Mischkristalle in einer Matrix, die aus einem $SiO_2-Al_2O_3$-reichen Glas besteht.

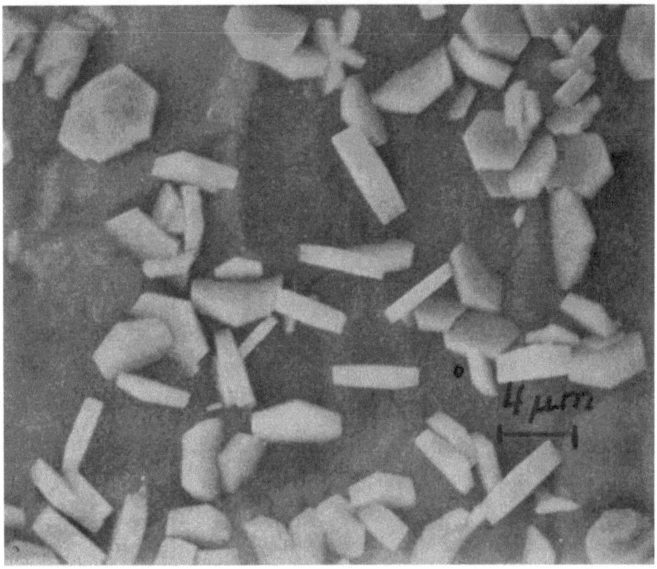

Abb. 4. REM-Aufnahme eines unter gleichzeitiger Einwirkung elektrischer Felder getemperten Glases im System $BaO-TiO_2-SiO_2-Al_2O_3$ [3]

Man kann aber auch durch *gezielte Entmischungen*, ohne daß die Tröpfchenphase kristallisiert, die Eigenschaften von Gläsern wandeln. Machen wir ein Gedankenexperiment. Ausgangspunkt ist ein zunächst auch im Mikrobereich völlig homogenes Glas. Durch einen hohen Anteil an Na^+-Ionen habe es einen verhältnismäßig niedrigen spezifischen elektrischen Widerstand, da Na^+-Ionen stark zur Ionenleitung beitragen. Nun benötigt man für einen besonderen Anwendungsfall gerade dieses Na^+-Ionen enthaltende Glas, aber mit einem hohen spezifischen elektrischen Widerstand. Wenn es durch einen gezielten Temperprozeß gelingt, die Na^+-Ionen in sich bildende Tröpfchen quasi einzusperren, werden sie voneinander isoliert. Gleichzeitig verarmt die Glasphase, die die Tröpfchen umgibt, an Na^+-Ionen. Da die Na^+-Ionen nicht von Tröpfchen zu Tröpfchen springen können, erhält damit automatisch das Glas einen höheren spezifischen elektrischen Widerstand. Es entsteht ein Werkstoff nach Maß, wie er von Pavluškin [4] bereits 1957 vorgestellt wurde. Es hängt ganz entscheidend von den konkreten Temperbedingungen ab, welche Eigenschaften der Werkstoff letztlich hat. Wirken dabei außerdem elektrische [3] oder magnetische Felder, kann die Entmischung oder Kristallisation zusätzlich beeinflußt werden.

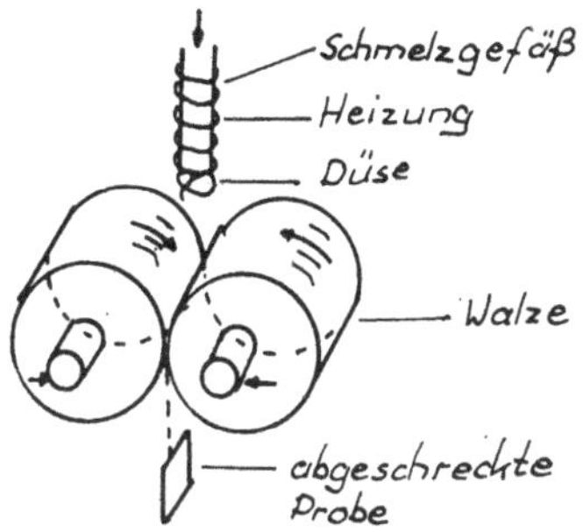

Abb. 5. Prinzip einer Doppelwalzen-Abschreckanlage zur Erzielung von Abkühlgeschwindigkeiten in der Größenordnung von 10^5 Ks^{-1}

Eine weitere Erkenntnis wurde gewonnen. Bisher wußte man, daß Gläser zu einem erheblichen Anteil aus SiO_2, das heißt Sand als Rohstoff, bestehen. Sukzessive kamen neue Gläser mit immer weniger Sand hinzu und auch solche völlig ohne SiO_2. Dazu gehören z. B. die Chalkogenidgläser. Neben SiO_2 gibt es demnach noch viele andere Glasbildner. Das war die eine Erkenntnis. Andererseits war bekannt, daß Salzschmelzen ebenso wie Metallschmelzen bei den bisher angewendeten Abkühlbedingungen kristallin erstarren. Als es aber den Metallurgen gelang, durch extrem hohe Abkühlgeschwindigkeiten auch Metalle bzw. deren Legierungen amorph erstarren zu lassen, man spricht hier von Metallgläsern, bot sich eine Rückkopplung zu den anorganisch-nichtmetallischen Werkstoffen an. Durch Anwendung extrem hoher Abkühlgeschwindigkeiten, die über einem für jede Schmelze typischen, kritischen Wert liegen müssen, ist es nun möglich, beliebige Schmelzen, die bei natürlichen Abkühlgeschwindigkeiten kristallisieren würden, als Glas zu erhalten. Damit entstehen völlig neue anorganisch-nichtmetallische Gläser vor allem für die Elektrotechnik/Elektronik. Abbildung 5 zeigt das Prinzip einer Doppelwalzen-Abschreckanlage, auf der im WB Glas/Keramik-Technik der Technischen Hochschule Ilmenau die Erkenntnis umgesetzt wurde, daß die Abkühlgeschwindigkeit größer als die Kristallisationsgeschwindigkeit sein muß, um normalerweise spontan kristallisierende Flüssigkeiten als Glas erstarren zu lassen. Die Anlage gestattet eine Abkühlgeschwindigkeit von 10^5 K · s^{-1}.

Aber nicht nur für Gläser, vor allem auch für Keramiken wurden neue Erkenntnisse erarbeitet, wie die Struktur die Werkstoffeigenschaften grundlegend verändern kann. Zur Erzielung der gewünschten Strukturen kommen Hochtechnologien zum Einsatz. Rohstoffe höchster Reinheit und kleinster

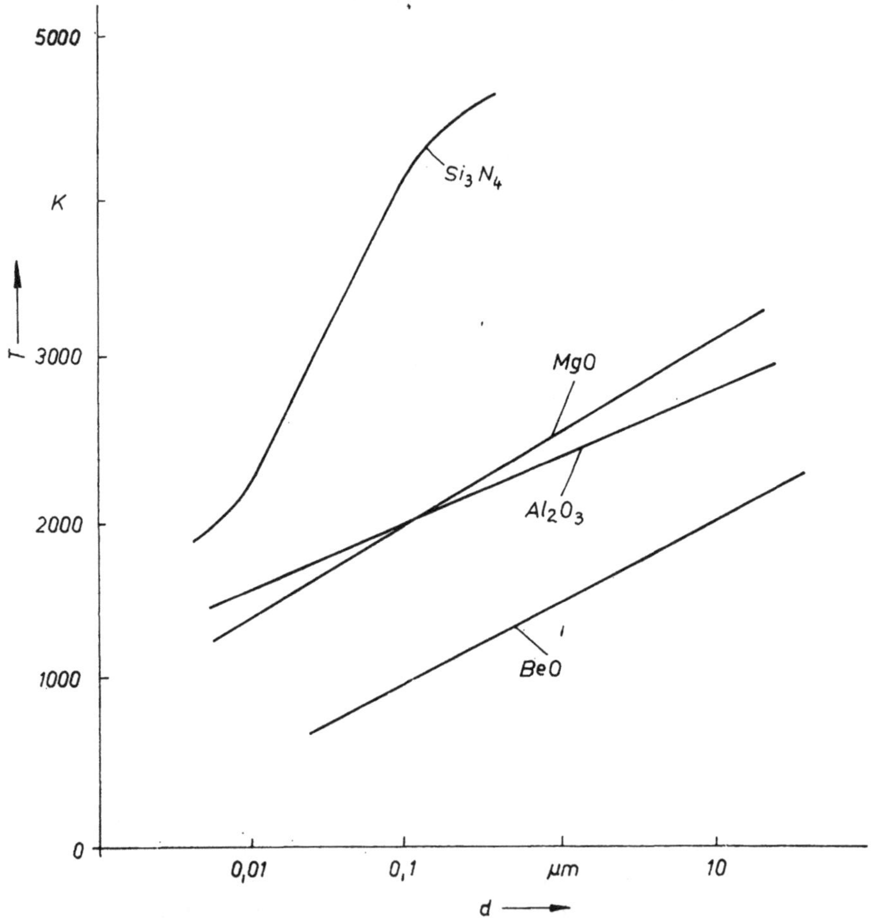

Abb. 6. Abhängigkeit der Sintertemperatur von der Teilchengröße für spezielle Werkstoffe der technischen Keramik [5]

Korngröße zwischen 0,05···1 μm sind die Voraussetzung. Die Abhängigkeit der Sinter- bzw. Brenntemperatur verschiedener Keramiken von der Teilchengröße der Rohstoffe zeigt Abb. 6. Dabei spielt die Erzeugnisdichte, d. h. der Anteil, mit dem die theoretische Dichte erreicht wird, eine entscheidende Rolle.

Bei der Sinterung ist es, ausgehend von den eingesetzten Rohstoffen, möglich, je nach Wahl der Sintertemperatur und -zeit die Mikrostruktur und damit die Werkstoffeigenschaften zu beeinflussen. Hohe Temperaturen und geringe Haltezeiten führen zu einer feinkristallinen Keramik. Im anderen Fall erhält man eine grobkristalline.

Sehr deutlich kann man an der Festigkeit den Einfluß des mittleren Korndurchmessers veranschaulichen, s. Gl. (1):

$$\sigma = \sigma_0 \cdot d^{-n} \cdot e^{(\alpha V_1 - \beta V_2)} \quad (1)$$

d — mittlerer Kristalldurchmesser
n — Exponent zwischen 0,2···1
$\alpha; \beta$ — Konstanten > 0
V_1 — Anteil an kleinen Poren
V_2 — Anteil an großen Poren

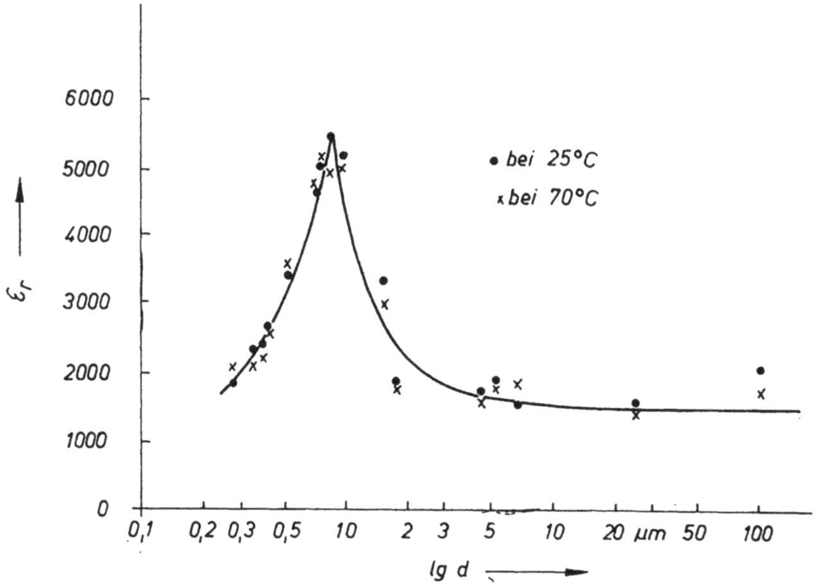

Abb. 7. Abhängigkeit der Dielektrizitätskonstante einer Bariumtitanatkeramik von der Korngröße [6]

Große Korndurchmesser verringern demnach die Festigkeit ebenso wie große Poren. Kleine Poren, in der Regel unter 0,1 μm, erhöhen dagegen die Festigkeit, da sie sich ausbreitende Risse an der Weiterbewegung hindern und die Rißenergie quasi auf die ganze Porenoberfläche zerteilen. Auch die Einlagerung von Mikrophasen in eine Hauptphase kann die Festigkeit von Keramiken entscheidend erhöhen.

Eine Optimierung der Relation Kristallvolumen zu Kristalloberfläche führt bei ungestörten Kristallen definierter Zusammensetzung zur gezielten Einstellung spezieller magnetischer oder elektrischer Kennwerte. Hier spielen wieder Korngrößen zwischen 0,05···2 μm die entscheidende Rolle. Bariumtitanatkeramiken mit gezielt einstellbarer Dielektrizitätskonstante, Abb. 7, oder definierter Temperaturabhängigkeit derselben sowie hartmagnetische Hexaferritwerkstoffe sind nur zwei Beispiele.

4. Grundsätzliche Entwicklungsrichtungen

Welche Entwicklungen zeichnen sich ab? Glas oder Keramik werden nicht der alleinige Werkstoff oder die alleinige Werkstoffklasse der Zukunft sein. Das wäre falsch, denn einerseits hat jede Werkstoffklasse ihre Spezifika, die sie vor anderen auszeichnet. Wenn man andererseits in einen Werkstoff Erwartungen impliziert, die er nicht erfüllen kann, gerät er leicht ins Abseits, obwohl er das nicht verdient. Versteht man es aber, seine Vorzüge rigoros auszunutzen und mit seinen Nachteilen werkstoffgerecht umzugehen, dann entsteht volkswirtschaftlicher Nutzen.

Zum ersten werden die *traditionellen* Produkte der Glas- und Keramikindustrie auch in Zukunft weiter produziert. Wer möchte schon auf formschönes Geschirr, Beleuchtungsglas, Blumenvasen und ähnliches verzichten. Hier geht es um die Verbesserung der Herstellungstechnologien, um neue Formen und Dekore und nur sekundär um neue Werkstoffe.

Der zweite Schwerpunkt ist die *Substitution* von Metallen und Plasten durch Glas und Keramik. Man sollte aber diese Aussage präzisieren. Es ist mit Sicherheit falsch, nur die Werkstoffe selbst zu betrachten. Grundsätzlich geht es um die Auswechslung ganzer Bauteile, Baugruppen oder um die völlig neue konstruktive Gestaltung ganzer Erzeugnisse.

Wenn in einem Gebäude die Warmwasserversorgung und Abwasserentsorgung erfolgreich in Glasrohrleitungssystemen erfolgt, dann wurde dort beachtet, daß die Montage der Gesamtanlage so erfolgt, daß auf das System wenig mechanische Spannungen wirken, daß nicht Unbefugte Zerstörungen anrichten und daß man ggf. Rohrstücke leicht auswechseln kann. Das ganze Rohrsystem wurde im Vergleich zu metallischen anders aufgebaut. Geht man ordnungsgemäß, d. h. werkstoffgerecht, mit Glasrohrleitungen um — und die Praxis beweist, daß das möglich ist —, dann bestehen die Vorteile in mindestens verdreifachter Haltbarkeit ohne lästige Querschnittsverengung u. ä. Abbildung 8 zeigt eine *Bundflansch*verbindung für Rohrleitungen aus Glas. Hier ist ein Auswechseln von Teilabschnitten relativ leicht möglich. *Verschweißte* Glasrohrleitungen besitzen den Vorteil, daß sich durch den Wegfall einer deutlich abgesetzten Fügestelle Schmutzpartikeln nur schwer ablagern können.

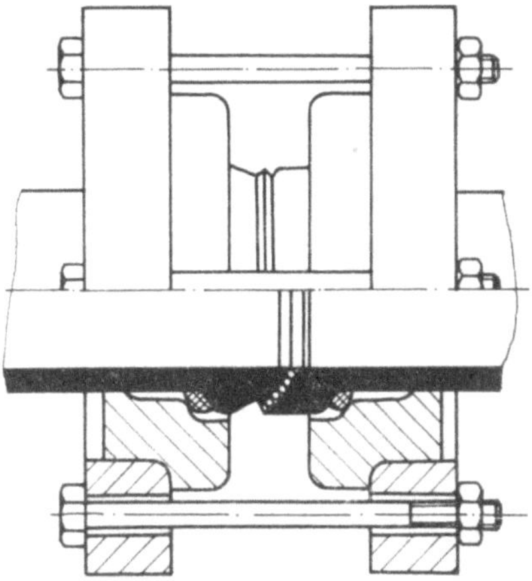

Abb. 8. Bundflanschverbindung für Rasothermglasrohrleitungen

Werden Wärmetauscher statt aus Metall- aus Glas- oder Keramikrohren aufgebaut, entstehen bereits vom optischen Eindruck her völlig neue Lösungen. Die Vorteile bestehen neben dem Einsatz heimischer Rohstoffe auch hier in der längeren Lebensdauer ohne Querschnittsverengungen, d. h. konstante Wärmeaustauschparameter während der gesamten Betriebszeit.

Wärmetauscher sowohl aus Glas als auch aus Keramik gestatten es außerdem aufgrund ihrer chemischen Resistenz, Abgase unter die Taupunkttemperatur zu kühlen. Damit wird nicht nur die Sekundärenergie umfassender als bei Metallwärmetauschern genutzt, sondern ein entscheidender Beitrag zum Umweltschutz geleistet, da die Wärmetauscher quasi als Abgasreinigung arbeiten. Wärmetauscher auf der Basis von Rasothermglasrohren des Werkes für Technisches Glas sind hierbei eine wichtige Etappe.

Ein Vorteil insbesondere von Wärmetauschern mit Keramikrohren besteht in der Möglichkeit, Abgase mit sehr hohen Temperaturen direkt in den Wärmetauscher zu leiten. Keramikrekuperatoren sind hierfür ein Beispiel.

Die Substitution anderer Werkstoffe durch Glas und Keramik ist also nicht ein einfacher Ersatz, sondern stets eine ökonomisch effektivere Variante mit Vorteilen in den verschiedensten Gebrauchswerten.

Die dritte Entwicklungsrichtung besteht in der Erforschung von Gläsern und Keramiken mit *Eigenschaften und Eigenschaftskombinationen*, wie sie mit anderen Werkstoffen nicht möglich sind. Hier liegen die spektakulären Aufgaben und Effekte, wobei die treibende Rolle der Mikroelektronik und des Anlagenbaus sowie der Gerätetechnik nicht zu unterschätzen ist. Der folgende Teil des Artikels soll einige technisch und volkswirtschaftlich interessante Entwicklungsrichtungen vor allem für den Einsatz in der Elektrotechnik/Elektronik und im Gerätebau aufzeigen.

5. Gläser und Keramiken mit unterschiedlichem spezifischem elektrischem Widerstand

Eingangs wurde auf den Einsatz von Porzellan für Hochspannungsisolatoren verwiesen. Hier geht es um *hohe* spezifische elektrische Widerstände. Freie Elektronen sind für den Ladungstransport in Gläsern und Keramiken üblicherweise nicht vorhanden. Wenn elektrische Ladungen transportiert werden, können das nur die Ionen selbst besorgen, d. h. sie müssen ihre Plätze wechseln. Der Ladungstransport ist somit an den Stofftransport gebunden. Daß das viel schwieriger als für die nahezu masselosen Elektronen erfolgt, liegt auf der Hand. Daraus erklärt sich der *hohe* spezifische elektrische Widerstand der meisten Gläser und Keramiken.

Die Spezifizierung des Adjektivs „hoch“ ergibt sich einerseits dadurch, daß die einzelnen Gläser und Keramiken im Mikrobereich unterschiedlich lockere bzw. verzahnte Strukturen aufweisen. Lockere Strukturen setzen dem Platzwechsel der Ionen einen geringeren Widerstand entgegen als feste. Andererseits leuchtet es ein, daß beispielsweise kleine, einwertige Kationen beweglicher als große zweiwertige sind. Gläser und Keramiken mit einem großen Anteil an Na^{+}-Ionen haben demnach einen geringeren spezifischen elektrischen Widerstand als solche mit Ba^{2+}-Ionen.

Um zu veranschaulichen, daß es bei Forderungen nach elektrisch hoch isolierenden Gläsern und Keramiken nicht nur um solche mit großen Dimensionen geht, wie Isolatoren, soll lediglich auf solche elektronischen Bauelemente, wie Dioden und Transistoren, verwiesen werden, bei denen die Drähte elektrisch isoliert und temperaturbeständig aus dem eigentlichen Bauelement herausgeführt werden. Man verwendet dazu im thermischen Ausdehnungskoeffizienten an die Metalle angepaßte Einschmelzgläser. Der Bedarf an Glas je Bauelement unterschreitet in der Regel die Gramm-Grenze.

Ein anderer Einsatzfall mit hohen Forderungen an die elektrische Isolierfähigkeit sind Lotgläser. Sie weisen meist einen hohen Gehalt an PbO und ZnO auf. Ein Beispiel dafür sind Lotgläser zum Verschließen der Halbschalen als Schutz für hochintegrierte Schaltkreise.

Handelt es sich bei den Bauelementen um EPROM's, werden UV-strahlungsdurchlässige Fenster benötigt. Sie können aus Glas oder aus durchlässiger Korundkeramik (Abb. 9) bestehen.

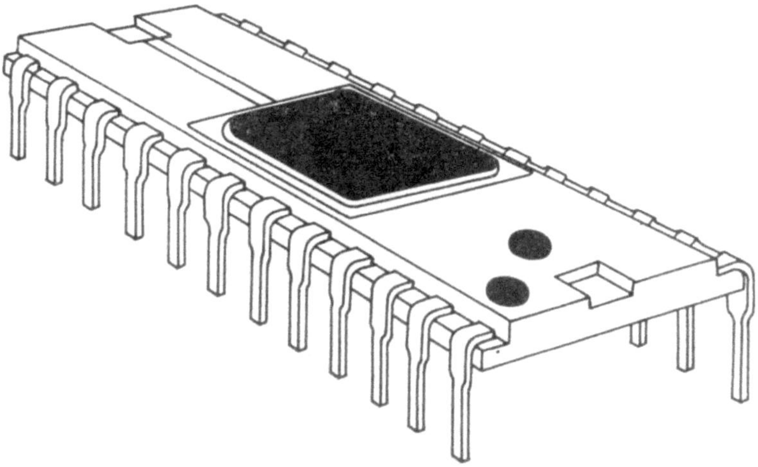

Abb. 9. EPROM mit UV-durchlässigem Korunddeckel (schwarz gezeichnet)

Ebenso finden elektrisch isolierende, thermisch beständige Werkstoffe in Elektronenstrahlröhren einschließlich der Fernsehbildröhren Anwendung. Für den Bildschirm, Konus und Hals kommen unterschiedliche Gläser zum Einsatz, außerdem das Lotglas, das Bildschirm- und Konusteil zusammenhält, sowie die Streben als Halterung für das elektronische System. Letztere bestehen aus zusammengesintertem Glaspulver, wobei eine partielle Kristallisation der mechanischen Festigkeit dienlich sein kann.

Ein äußerst wichtiger Einsatzfall für Keramiken mit hohem spezifischem elektrischem Widerstand besteht als Substrat für die verschiedensten elektronischen Bauelemente und Schaltungen. Korundkeramik nimmt hier eine führende Position ein. Höchste Forderungen an die Oberflächenebenheit und die Planparallelität sind weitere Einsatzkriterien.

Eine Übersicht über verschiedene Keramiken, die in der Mikroelektronik wegen ihres hohen spezifischen elektrischen Widerstands Verwendung finden, gibt Tab. 1.

Tabelle 1

Eigenschaften von Isolierkeramiken für die Mikroelektronik

Keramik → Parameter ↓	Einheit	Al_2O_3	BeO	ALN	Si_3N_4
$T_{\text{Schm.}}$	°C	2050	2530	2300*)	1950*)
α	$10^{-7}\ K^{-1}$	68	71	45	32
$\lambda_{25-300°C}$	$Wm^{-1}\ K^{-1}$	38	270	140	28
ε		9	6,5	10	
$\tan\delta$; 1 MHz	10^{-4}	1	1,8	0,002	
$\tan\delta$; 10 GHz	10^{-4}	6	2,5		
ϱ	Ωcm	10^{14}	10^{16}	10^9	10^9
σ_B	MPa	450	250	300	600
E	GPa	380	320	310	295

*) Sublimationstemperatur

Beim Einsatz als Substratkeramik spielt die Wärmeleitfähigkeit eine entscheidende Rolle. Nun ist bekannt, daß eine hohe Wärmeleitfähigkeit ebenso wie eine gute elektrische Leitfähigkeit an freie Elektronen gebunden ist. Sie aber fehlen gerade in den meisten Keramiken. Da beim Betreiben von elektronischen Bauelementen stets Verlustwärmeleistung, auch wenn sie noch so gering ist, entsteht, muß diese Wärme im Interesse stabiler Bauelementeparameter möglichst schnell abgeführt werden. Tabelle 2 verdeutlicht das breite Spektrum, das durch Keramiken bezüglich der Wärmeleitfähigkeit überstrichen wird.

Tabelle 2

Wärmeleitfähigkeit von keramischen Werkstoffen

Keramik	λ ($Wm^{-1}\ K^{-1}$)
BeO (99,9% Reinheit)	270
Si—SiC	120
SiC (heißgepreßt)	80
AlN	70···150
MgO	40
Al_2O_3	38
Si_3N_4	28
Steatit	4
ZrO_2	2
Porzellan	2
Ziegel	0,8
Ca_2SiO_4 (95% Porosität)	0,04

Die bisherigen Ausführungen gingen auf Glas- und Keramikwerkstoffe ein, die einen hohen spezifischen elektrischen Widerstand haben, d. h. fehlende Elektronenleitfähigkeit und geringe bzw. auch nahezu fehlende Ionenleitung. Nun ist es aber möglich, durch gezielte Änderung der chemischen Zusammensetzung die Struktur der Gläser und Keramiken so im ionaren Bereich aufzulockern, daß quasi „Kanäle" entstehen, durch die sich kleine einwertige Ionen relativ ungehindert bewegen können. Besitzt ein Werkstoff solche „Kanäle" und entsprechende Ionen in größeren Prozentsätzen, z. B. Na^+, Li^+ oder auch Ag^+, dann fließt bei Anlegen eines elektrischen Feldes ein spürbarer Strom. Handelt es sich um ein elektrisches Gleichfeld, ist mit der Ladungsseparation durch den parallelen Stofftransport eine Ladungsspeicherung verbunden. Auf der Basis der Ionenleitung entsteht somit ein Glas- oder Keramik*festelektrolyt*. Einkristalline Festkörper und Gläser besitzen hierbei durch die Abwesenheit störender Korngrenzen eine potentiell höhere Leitfähigkeit als polykristalline Keramiken. Der gegenwärtige Stand der technischen Entwicklung von Festelektrolyten weist jedoch noch die umgekehrte Tendenz aus. Bekannt ist hier vor allem die sog. β-Tonerde, ein keramischer Werkstoff mit durch Na^+-Ionen gezielt modifiziertem Korundgitter.

Ein wichtiger Schritt zum Glasfestelektrolyten wird mit der Anwendung der eingangs genannten Schnellkühltechnik erreicht, die es gestattet, für die Ionenleitung prädestinierte Zusammensetzungen in den Glaszustand zu überführen.

Abbildung 10 zeigt die spezifische elektrische Leitfähigkeit für Werkstoffe

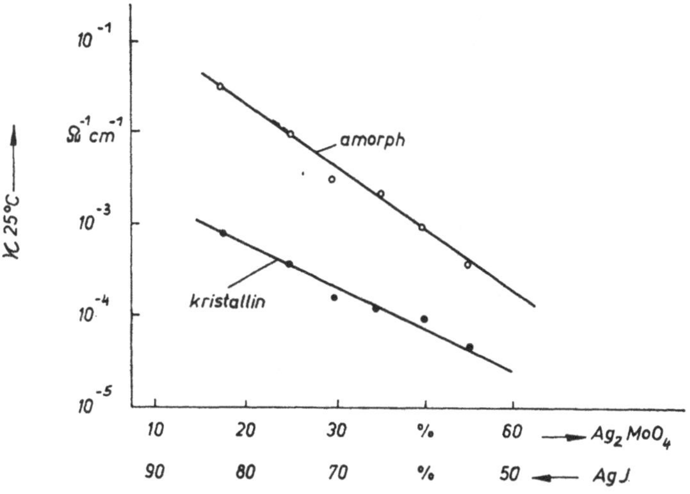

Abb. 10. Einfluß der Zusammensetzung und der Struktur auf die Ionenleitfähigkeit im System $AgJ-Ag_2MoO_4$ [7]

im System $AgJ-Ag_2MoO_4$, für die durch die Amorphisierung mittels Schnellkühlung ein beträchtlicher Leitfähigkeitszuwachs erzielt wurde.

Bei einigen Keramikwerkstoffen trifft man auch auf Sauerstoffionenleitfähigkeit, z. B. bei dotierter ZrO_2-Keramik, die als Sensor für den Sauerstoffpartialdruck in Abgasen eingesetzt wird.

Noch ist es nicht so weit, daß der Autofahrer eine Batterie kaufen kann, die innen und außen z. B. aus Glas besteht. Aber wenn es um kleine Leistungen geht, die über eine lange Zeit in konstanter Höhe abzugeben sind, sind Glas- oder Keramikfestelektrolyte international bereits Stand der Technik. Hier sind insbesondere Batterien für Herzschrittmacher zu nennen.

Neben der Ionenleitung sind aber mittlerweile auch spezielle Gläser und Keramiken bekannt, die *Elektronenleitung* im Sinne der p- und auch der n-Leitung aufweisen. Die Mechanismen, die hierfür in erster Linie verantwortlich sind, zeigt Tab. 3.

Tabelle 3

Mechanismen, die die Elektronenleitung in Gläsern und Keramiken auslösen

- polyvalente Elemente, wie $Fe^{2+/3+}$, $Ti^{3+/4+}$, $S^{2-/\pm 0}$ usw.
  - im Kationenteil des Gitters/Netzwerkes vorwiegend n-Leitung
  - im Anionenteil des Gitters/Netzwerkes vorwiegend p-Leitung
- unabgesättigte Ladungen/Störstellen an Korngrenzen, bei Keramiken und Vitrokeramiken
- Akzeptoren- bzw. Donatoreneinbau in eine isolierende Matrix und deren thermische Aktivierung (NTC-Widerstände)
- Tunnelleitung durch isolierende Sperrschichten und deren thermische Blockierung (PTC-Widerstände)
- Oberflächenleitung durch Chemisorption

Während sich Korngrenzen einerseits auf die Ionenleitung bremsend auswirken, begünstigen sie andererseits die Elektronenleitung. Die Ursache besteht darin, daß an Korngrenzen stets gestörte bzw. abgebrochene Gitter mit unkompensierten und sterisch ungünstig kompensierten Restladungen vorliegen, die dann die p- oder n-Leitung begünstigen. Aus Abb. 11 geht hervor, wie sich verschiedene Temperbedingungen und damit eine unterschiedliche partielle Kristallisation auf die Leitfähigkeit halbleitender Vitrokeramik auswirken.

Befinden sich polyvalente Elemente im Kationenteil des Netzwerkes der Gläser, entsteht in der Regel n-Leitung; sind sie dagegen im Anionenteil des Netzwerkes, resultiert meist p-Leitung.

Die Palette der kommerziell verfügbaren, halbleitenden Keramiken ist mittlerweile sehr umfangreich. Je nachdem, ob sich der Widerstand mit der Tempe-

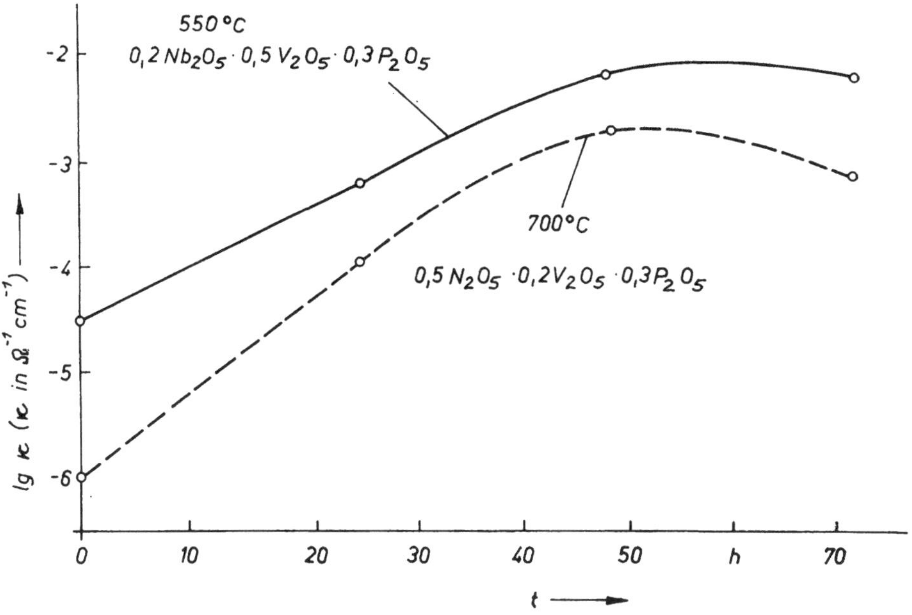

Abb. 11. Elektronenleitfähigkeit in verschiedenen Vitrokeramiken in Abhängigkeit von den Temperbedingungen [8]

ratur verringert, d. h. $d\varrho/dT$ negativ verläuft, oder mit der Temperatur steigt, d. h. sich positiv verhält, spricht man von NTC- bzw. PTC-Keramiken. PTC-Keramiken sind sog. Kaltleiter, die den Strom vor allem bei tiefen Temperaturen gut leiten. Bei hohen Temperaturen bauen sich Sperrschichten auf. Abbildung 12 zeigt die Widerstands/Temperatur-Kennlinie eines solchen Halbleiters für eine Keramik im System $La_2O_3-BaO-TiO_2$.

Solch ein Kaltleiter darf nicht mit einem *Supraleiter* verwechselt werden. Dort geht bei entsprechend tiefen Temperaturen der spezifische elektrische Widerstand gegen Null, so daß die Energie im Prinzip verlustlos bei beliebiger Stromstärke über große Entfernungen übertragen werden kann. Umspannstationen und Hochspannungsleitungen könnten eingeschränkt werden; für elektronische Bauelemente ergäben sich völlig neue Konstruktionsprinzipien.

Warum wird dieses für spezielle Metalle bereits seit langem bekannte Prinzip noch nicht umfassend genutzt? Die Ursache liegt in den extrem tiefen Temperaturen nahe 0 K, bei denen die in der Vergangenheit als Supraleiter bekannten Werkstoffe diesen Effekt aufweisen. Flüssiges Helium als Kühlmittel mit all seinen Problemen müßte in unvorstellbar großem Umfang eingesetzt werden. Nun wurde aber in letzter Zeit in der Schweiz, der BRD, der UdSSR und in

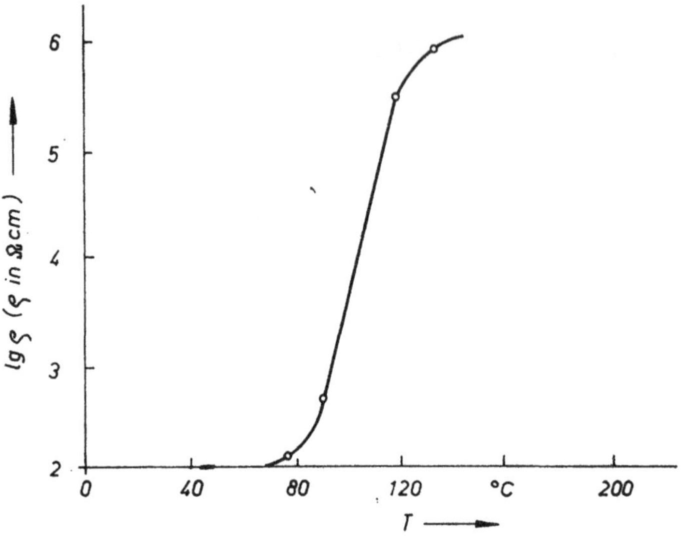

Abb. 12. Elektronenleitung in La_2O_3-dotierter $BaTiO_3$-Keramik (Kaltleiter, PTC-Widerstand) [9]

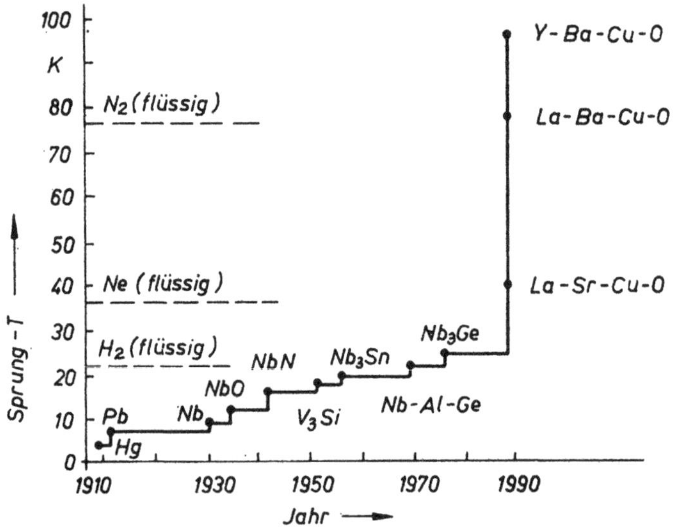

Abb. 13. Sprungtemperaturen verschiedener supraleitender Verbindungen [10]

China gefunden, daß z. B. Keramiken der Zusammensetzung $YBa_2Cu_3O_{7-\delta}$ diesen Effekt schon bei 92 K erreichen, für die flüssiger Stickstoff als Kühlmittel genügt [10]. Abbildung 13 zeigt die zeitlichen Etappen der Entwicklung supraleitender Werkstoffe. Die volkswirtschaftlichen Konsequenzen, die dann entstehen, wenn diese Entwicklung den Sprung vom Labor zur industriellen Fertigung macht, sind noch unabschätzbar. Die gesamte leistungsorientierte Elektrotechnik und die Mikroelektronik könnten auf eine neue Basis gestellt werden.

Zum Abschluß der Betrachtungen über Gläser und Keramiken mit unterschiedlichen elektrischen Leitfähigkeiten ist es erforderlich, einiges zu Displays für Rechner, Motoren, Fahrzeuge, Radios und alle möglichen industriellen Anlagen zu sagen. Die das optische Signal gebenden Baugruppen können Flüssigkristalle sein, so daß man dann von LCD's (*L*iquid-*C*rystal-*D*isplay) spricht. Der Nutzer erkennt *eine* Glasscheibe, das Deckglas. In Wirklichkeit handelt es sich jedoch um einen Einsatzfall für drei völlig unterschiedliche Glastypen, nämlich

— um hochebenes Alkali-Silikatglas als mechanisch schützendes Substrat- und Deckglas,
— ein elektrisch und chemisch hochisolierendes reines Kieselglas als Passivierungsschichten, die mittels Elektroniktechnologien hergestellt werden, und
— um Leitbahnen für die Schaltung der Flüssigkristalle, die mittels Siebdruck und anschließender Temperung auf der Basis eines dotierten, n-leitenden Zinnoxidglases hergestellt werden. Die Zusätze können In_2O_3 oder Bi_2O_3 sein.

6. Gläser, Vitrokeramiken und Keramiken mit gezielt eingestellter thermischer Dehnung

Dadurch, daß bei erhöhter Temperatur die Schwingungsamplituden der Ionen um ihre Ruhelage größer werden, dehnen sich die Werkstoffe mit steigender Temperatur aus. Wie groß die Amplituden sind, hängt von der Einbindung der einzelnen Ionen in die Gesamtstruktur und natürlich von der Größe und der Ladung der Ionen ab. Für jedes Ion ergibt sich in Abhängigkeit von seiner Feldstärke und der Feldstärke sowie der geometrischen Anordnung der umgebenden Ionen ein anderer Schwingungswert. Für ein Erzeugnis, einen makroskopischen Werkstoff, erhält man für die thermische Dehnung einen gewichteten Mittelwert, der sich additiv aus den Eigenschaften der einzelnen Ionenart, multipliziert mit ihren Anteilen, ergibt. Dabei spielt die Vernetzung der das Volumen bestimmenden Anionen untereinander eine wichtige Rolle.

Sind die Anionen dreidimensional durchgängig vernetzt, d. h. liegen z. B. nur Brückensauerstoffe vor, weisen die Werkstoffe eine niedrige, gegen Null gehende Dehnung auf. Kieselglas oder Quarz in der sog. Hochtemperaturform auf der Basis von reinem SiO_2 sind Beispiele dafür. Der Anteil an Hybridbindung ist in solchen Werkstoffen sehr hoch. Nimmt dagegen der Anteil an heteropolarer Bindung zu, was bei Gläsern mit der Bildung von sog. Trennstellensauerstoffen verbunden ist, steigt auch die thermische Dehnung.

Bei ganz speziellen Kristallarten ist auch bekannt und wird technisch genutzt, daß sie sich, durch einen speziellen Gitteraufbau bedingt, beim Erhitzen zusammenziehen. Keramiken und Vitrokeramiken, die solche Kristalle enthalten, können demnach auch einen negativen thermischen Ausdehnungskoeffizienten besitzen. Alle Bereiche des thermischen Ausdehnungskoeffizienten sind für die Nutzung von Gläsern und Keramiken von Interesse. Warum?

— Wenn Werkstoffe mit großer Temperaturwechselbeständigkeit benötigt werden, kann man das zwar auch über eine große mechanische Festigkeit oder besondere strukturelle Maßnahmen erreichen. Günstiger ist es aber, Werkstoffe mit gegen Null gehender thermischer Dehnung einzusetzen. Entsprechend einer vereinfachten Darstellung, bei der die elastische Verformung gemäß Hookeschem Gesetz mit der Wärmedehnung gleichgesetzt wird, Gl. (2) bis (5), erkennt man, daß eine Null-Dehnung auch Null thermisch initiierte Spannungen zur Folge hat, d. h. die Werkstoffestigkeit bei Temperaturwechsel in diesem Fall sogar sekundär wird. Kieselglas, Spodumenvitrokeramik oder Tialit-Keramik sind solche Werkstoffe.

- Hookesches Gesetz: $\sigma = \frac{\Delta l}{l} \cdot E$

$$\frac{\Delta l}{l} = \frac{\sigma}{E} \tag{2}$$

- thermische Dehnung: $$\frac{\Delta l}{l} = \alpha \cdot \Delta T \tag{3}$$

- Durch Gleichsetzen von (2) und (3) sowie Umstellen resultiert für ΔT:

$$\Delta T = \frac{\sigma}{E \cdot \alpha} \tag{4}$$

- Unter Beachtung von λ und ν erhält man für die zulässige Temperaturwechselbeanspruchung

$$\Delta T_{\text{zul.}} = \frac{\sigma(1-\nu)}{E \cdot \alpha} \cdot c \cdot \lambda^n \tag{5}$$

$\Delta T_{zul.}$ — zulässiger Temperaturwechsel
α — linearer thermischer Ausdehnungskoeffizient
E — Elastizitätsmodul
ν — Poissonzahl
σ — Festigkeit
c, n — Konstanten

Geht es darum, Bauelemente, die im Mikrowellenbereich arbeiten, auch bei von 20 °C abweichenden Temperaturen ohne Signalverzerrung zu betreiben, können Cordierit-Substrate mit geringer thermischer Dehnung Laufzeitdifferenzen spürbar begrenzen.

— Vitrokeramiken oder Keramiken mit negativer thermischer Dehnung werden vor allem im Gerätebau und bei optischen Systemen genutzt, um die Dehnung von Werkstoffen mit starker positiver thermischer Dehnung in einem gewünschten Umfang zu kompensieren. Im Extremfall können Kompositwerkstoffe so zusammengesetzt sein, daß in einem Monolithen im Mikrobereich nebeneinander Kristalle mit positiver und mit negativer Dehnung vorliegen, deren Wirkung sich nach außen aufhebt.

— Im Bereich positiver thermischer Dehnungen werden Werkstoffe zwischen 0 und $30 \cdot 10^{-6}$ K^{-1} benötigt.

Tabelle 4 zeigt eine Auswahl an Gläsern, Keramiken und Vitrokeramiken unterschiedlicher thermischer Dehnung, wobei zunehmend im Bereich einerseits geringer und andererseits hoher thermischer Dehnung Vitrokeramiken zum Einsatz kommen.

Auf Werkstoffe mit genau bekannter, definierter und aufeinander abgestimmter thermischer Dehnung kommt es in jedem Fall bei Werkstoffverbunden oder bei form- oder kraftschlüssigem Kontakt zwischen Werkstück und Werkzeug an. Substratgläser für Metalloxidschablonen, die in der Fotolithografie im Zyklus I der Bauelementeherstellung zum Einsatz kommen, haben eine an die Lithografiegeräte angepaßte thermische Dehnung. Noch offenkundiger wird der Zusammenhang bei Fügetechniken.

Werden Einschmelzgläser verwendet, muß die thermische Dehnung z. B. des zu positionierenden und elektrisch zu isolierenden Metalldrahtes ebenso bekannt sein wie die des umgebenden Hüllmaterials. Beidem muß das Glas gerecht werden. In sog. Druckglasdurchführungen werden Werkstoffpaarungen mit solchen thermischen Dehnungen gewählt, daß der Glasteil bei Raumtemperatur unter Druckspannungen steht. Um Cu oder Al mit Glas zu verlöten, wurden kristallisierende Lotgläser entwickelt, die nach Abkühlung die entsprechend hohe thermische Dehnung besitzen (s. Abb. 14).

Tabelle 4

Lineare thermische Dehnung einiger Gläser, Keramiken und Vitrokeramiken bzw. der Kristallphasen

Werkstoff	(10^{-6} K^{-1})
$Li_2O \cdot Al_2O_3 \cdot 4SiO_2$, Spodumenvitrokeramik	0
$Al_2O_3 \cdot TiO_2$, Tialitkeramik	0
SiO_2, Kieselglas	0,5
ZrO_2, kubische Kristallphase	2,0
$2MgO \cdot 2Al_2O_3 \cdot 5SiO_2$, Cordieritkristallphase	2,0
Si_3N_4-Keramik	3,0
Rasothermglas	3,3
ALN-Keramik	4,0
Porzellan	5,0
G20-Glas	5,0
Lotglas L 65	6,5
Steatitkeramik	7,0
Al_2O_3, Korundkeramik	7,4
ZrO_2, monokline Kristallphase	8,0
Geräteglas 941	9,4
$BaTiO_3$-Keramik	10,0
$Mn_{0,45}Zn_{0,45}Fe_{2,1}O_4$-Ferritkeramik	11,0

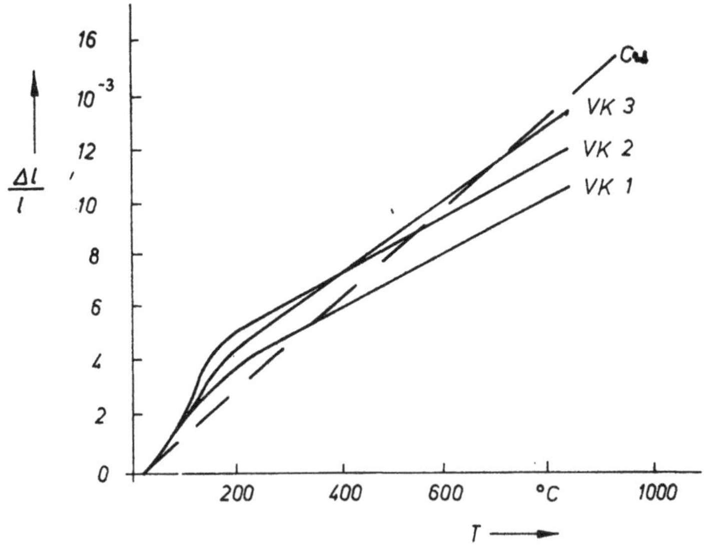

Abb. 14. Lineare thermische Dehnung von Cu und Lotgläsern, in denen Tridymit kristallisiert [11]

Auf eine Keramik mit geringer thermischer Dehnung möchte ich besonders eingehen, da sie in vielerlei Hinsicht interessant ist. Es handelt sich um temperaturwechselbeständige Wabenkeramik, die als Träger von Katalysatoren, die die Abgasnachverbrennung beschleunigen, zum Einsatz kommt. Unabhängig, ob es sich um die Abgase von Kraftwerken, von Fahrzeugen oder anderen Anlagen handelt, in jedem Fall können durch die Nachverbrennung der Heizwert der Brennstoffe besser genutzt und vor allem die Umwelt vor schädlichen Stoffen geschützt werden.

Bei der Wabenkeramik handelt es sich um eine Keramik auf Cordieritbasis mit einer thermischen Dehnung von $2 \cdots 3 \cdot 10^{-6}\, K^{-1}$, die durch Extrudieren hochplastischer keramischer Masse, Trocknen und Sintern bei etwa 1350 °C hergestellt wird. Das Extruder- oder Strangziehverfahren gestattet es, quasi endlose Stränge solcher Wabenkeramik zu ziehen. Bis 93 Zellen können pro cm^2 untergebracht werden, die dann nach Aufbringen hauchdünner Zwischenschichten mit Platin als eigentlichem Katalysator beschichtet werden. Die Zellenwände sind nur wenige Zehntel mm stark. Neben der hohen Temperaturwechselbeständigkeit vertragen die Katalysatorträger in dem chemisch hoch aggressiven Abgasmilieu Betriebstemperaturen bis 1300 °C.

7. Glasfaserlichtwellenleiter

Mit Lichtwellenleitern auf Glasfaserbasis ist zumindest durch Veröffentlichungen in der Tagespresse und durch umfangreiche, auch allgemeinverständliche Fachliteratur nahezu jeder technisch Interessierte bereits in Kontakt gekommen. Es handelt sich um etwa 125 µm starke endlose Glasfasern, in denen Licht definierter Wellenlänge ungezählte Male total reflektiert wird und so die gesamte Faser passiert. Abbildung 15 zeigt das Lichtleitprinzip in einer Stufenindexfaser. Es gelten die Beziehungen (6) und (7):

$$\sin \gamma \geqq \frac{n_M}{n_K} \tag{6}$$

(Bedingung für die Totalreflexion)

$$\sin \alpha \leqq \sqrt{n_K{}^2 - n_M{}^2} \tag{7}$$

(Bestimmungsgleichung für den zulässigen Aperturwinkel)

α — Aperturwinkel
γ — Winkel, bei dem Totalreflexion auftritt
n_M — Brechzahl des Mantelglases
n_K — Brechzahl des Kernglases

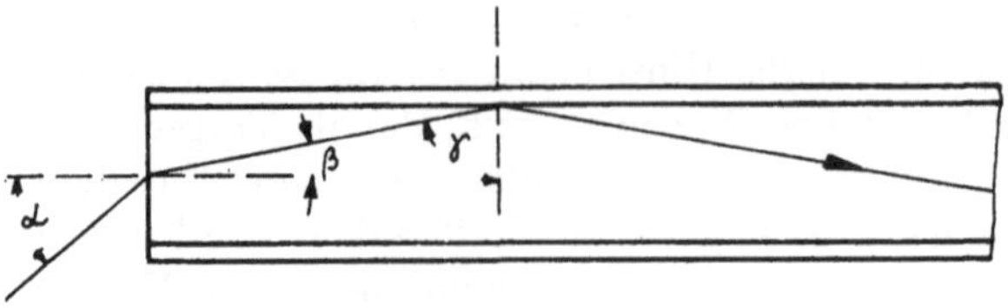

Abb. 15. Lichtwellenleitprinzip in einer Stufenindexfaser

Die Faser besteht aus einem Kern- und einem Mantelglas, wobei das Kernglas eine größere Brechzahl als das Mantelglas besitzt. Wenn Strahlung im nahen Infrarot, z. B. einer Wellenlänge von 1,3 µm, übertragen werden soll, wie es der GaAs-Laser abgibt, wird als Kernmaterial dotiertes Kieselglas und als Mantelglas undotiertes oder bordotiertes Kieselglas verwendet.

Entscheidende Faktoren für die Leistungsfähigkeit einer Lichtwellenleitfaser sind

— ihre Transmission und
— ihre Übertragungsbandbreite.

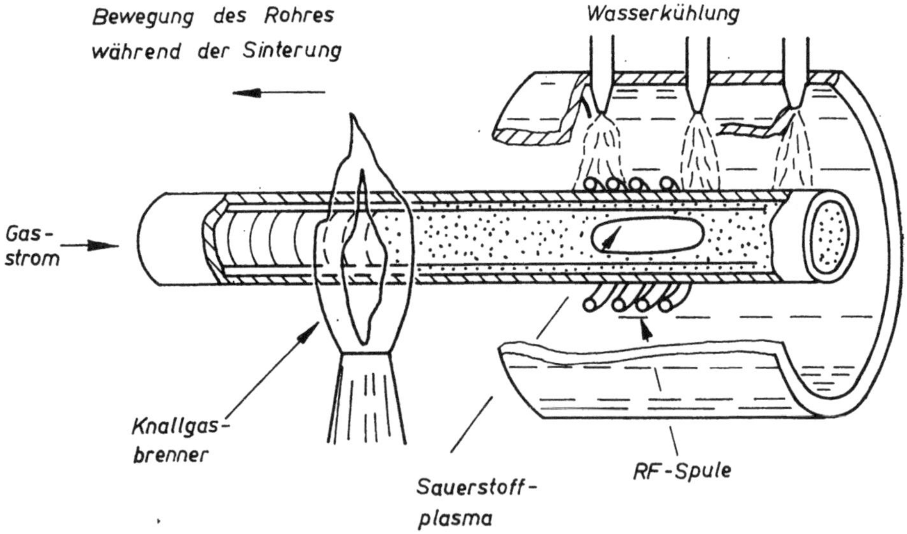

Abb. 16. Prinzipdarstellung einer Anlage zur Lichtwellenleitfaserherstellung (Preform) nach der PCVD-Technik mit Hochfrequenzplasma [12]

Die Güte der Transmission ist mit der bester üblicher optischer Gläser nicht mehr vergleichbar und beträgt 99,99 ...%. Um Unterschiede zwischen verschiedenen Glasfaserqualitäten sichtbar zu machen, wird deshalb die Dämpfung angegeben. Die Werte pro km Faserlänge schwanken je nach konkreter Faserart und Einsatzfall zwischen 2 bis 0,01 dB/km.

Natürliche Rohstoffe und übliche Glastechnologien kommen verständlicherweise bei solchen Reinheitsforderungen und Forderungen an die Homogenität nicht mehr in Betracht. Hochreine Gase und die CVD-Technik, in deren Ergebnis z. B. $SiCl_4$ durch O_2 im Hochtemperaturprozeß zu SiO_2 oxidiert und dann auf ein Substratrohr aufgesintert wird, sind die Basis für solche Fasern. Abbildung 16 zeigt den prinzipiellen Aufbau einer Anlage für die im Hochfrequenz-Plasma aktivierte PCVD-Technik.

Im Ergebnis erhält man ein Glasrohr, das im Inneren mit Glasschichten aufgefüllt wird. Die Zusammensetzung der Schichten kann sich von der des Substratrohrs deutlich unterscheiden, wobei die Schichten untereinander konstant

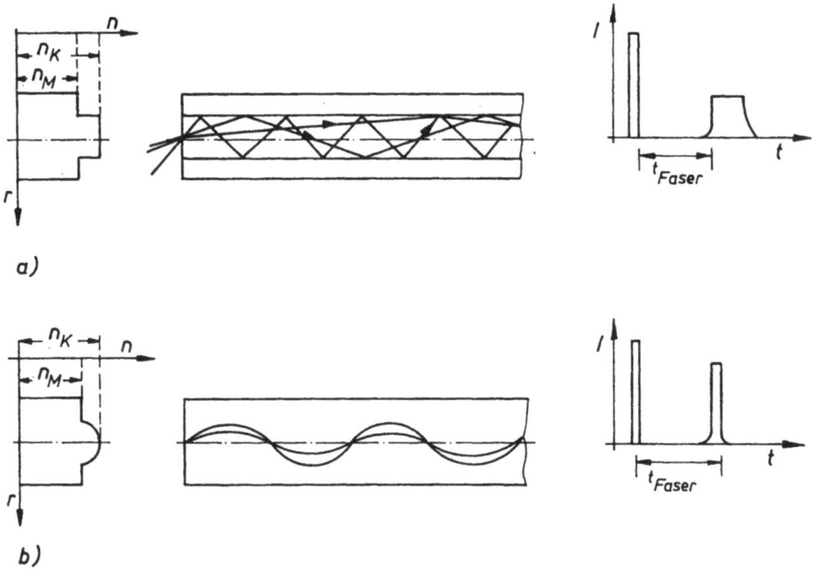

Brechzahl, Lichtweg und Impulsantwort

a) Stufenindexfaser
b) Gradientenindexfaser

Abb. 17. Grundsätzliche Unterschiede zwischen Stufenindex- und Gradientenindexfasern [13] zusammengesetzt sind. Aus einem solchen Halbzeug wird später eine Stufenindexfaser. Weisen die Schichten kontinuierlich geänderte Zusammensetzungen auf, so daß die Brechzahl z. B. parabolisch nach innen ansteigt, entsteht später aus dem Halbzeug eine Gradientenindexfaser.

Durch Kollabieren erhält man aus den innenbeschichteten Substratrohren die sog. Preforms. Die Preforms werden dann bei etwa 1900 bis 2000 °C zur eigentlichen Lichtwellenleitfaser verzogen. Anschließend erfolgt die Konfektionierung der Fasern zu Lichtwellenleitkabeln. Beim Verlegen derselben spielen dann verlustarme Fügetechniken eine wichtige Rolle.

Je nachdem, ob es sich um eine Stufenindex- oder eine Gradientenindexfaser handelt, wird das unter unterschiedlichem Winkel auf den Faseranschnitt (cut) auftreffende Licht in der Faser verschiedene Wege zurücklegen (s. Abb. 17). Eine zum Zeitpunkt t_0 aufgegebene Informationsmenge wird im Ergebnis zu verschiedenen Zeiten, d. h. als verbreiterte, verzerrte Information, am Faserende anlangen. Da in der Stufenindexfaser die Verzerrung weitaus größer als in der Gradientenindexfaser ist, gestattet letztere, eine höhere Informationsdichte pro Zeiteinheit zu übertragen. Die mögliche Übertragungsbandbreite wächst.

Abbildung 18 zeigt einen Vergleich für Dämpfung und Übertragungsbandbreite zwischen traditionellen Cu-Koaxialkabeln und Glaslichtleitfasern. Die

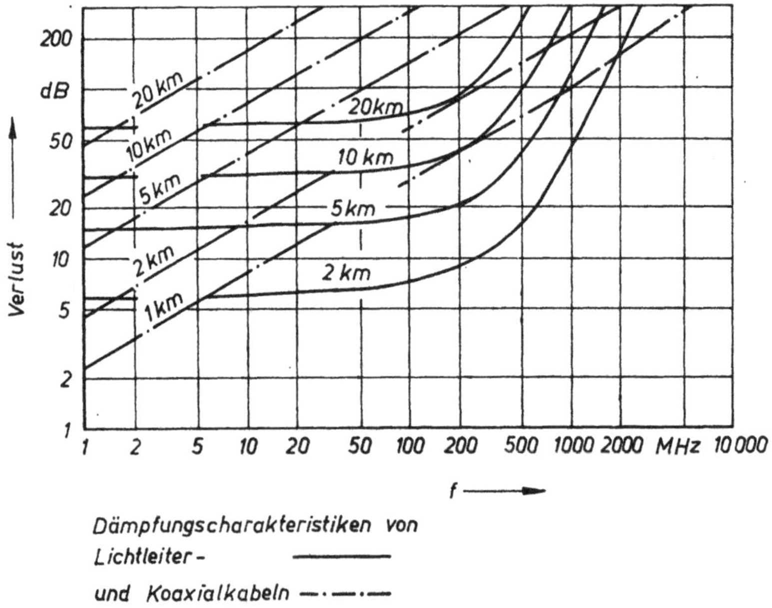

Abb. 18. Vergleich zwischen Glaslichtwellenleitfasern und Cu-Koaxialkabeln

Kurven gelten bei gegebener Faserqualität für unterschiedliche Kabellängen. Zur Erklärung muß zwischen Grunddämpfung und dynamischer Dämpfung unterschieden werden. Die Grunddämpfung ist materialbedingt und zeigt hier nach wie vor Vorteile des Werkstoffes Kupfer. Die Überlegenheit des Werkstoffes Glas ergibt sich aus der dynamischen Dämpfung unter Betriebsbedingungen. Da die Informationsübertragung bei möglichst hohen Frequenzen stattfindet, werden die Grenzen von Kupfer deutlich sichtbar.

Lichtleitfasern geringerer Qualität werden im Kurzstreckennetz, z. B. bei der betrieblichen Informationsübertragung, bei Bordcomputern usw., eingesetzt.

Glaslichtleiter müssen nicht unbedingt Faserstruktur besitzen. Auf optoelektronische Bauelemente z. B. durch Ionenimplantation aufgebracht, können sie auch als Streifen- oder Flächenlichtwellenleiter auftreten.

Damit wird der Schritt von der Mikroelektronik zur Mikrooptik eingeleitet. Gelegentlich spricht man heute bereits davon, daß die Zeit nach der Jahrtausendwende das Zeitalter der Photonik wird, das heißt, Informationsentstehung, -leitung und -verarbeitung auf Photonenbasis. Der optische Rechner ist zwar praktisch noch nicht gut handhabbar, aber bereits in der Erprobung. Die entsprechenden Fachleute betrachten die Elektronik als *die* entscheidende Vorstufe zur Photonik.

Mit diesem Ausblick beantwortet sich die Frage, ob z. B. Glas ein Werkstoff der Zukunft sei, von selbst.

8. Konstruktionskeramik

Bereits zu Beginn dieses Berichtes wurde auf die mechanischen Eigenschaften von Keramik eingegangen.

- Nicht nur werkstoffgerechtes Konstruieren und
- nicht nur z. B. die nachträgliche Verfestigung geformter Glaserzeugnisse, z. B. bei Wirtegläsern,

gestatten es, das Problem der Sprödbruchempfindlichkeit von Gläsern und Keramiken technisch zu beherrschen. Der entscheidende Schritt wird gegenwärtig dadurch getan, daß der Keramikwerkstoff selbst eine spürbar höhere Festigkeit erhält. Da die Erzeugnisse im Maschinen- und Motorenbau sowie als Schneidwerkstoffe einsetzbar sind, spricht man von Konstruktionskeramik.

Ihre chemischen Zusammensetzungen sind nicht neu. Al_2O_3, SiC, ZrO_2, Si_3N_4 u. a. sind die Basis, die längst für Thermoelementschutzrohre, Substratkeramik, Silitheizstäbe, Brennhilfsmittel u. a. bekannt sind. Die neuen Qualitäten

- hohe Biegebruchfestigkeit,
- hoher Spannungsintensitätsfaktor,

— auch bei hohen Temperaturen beherrschbare Kriechgeschwindigkeiten,
— Formstabilität und Festigkeit bis 1400 °C,

wurden durch höchste Reinheiten bei gleichzeitig definierten Dotierungen und spezielle technologische Maßnahmen, beginnend mit dem Einsatz superfeiner Pulver als Rohstoff, erreicht. Im Ergebnis liegt eine Mikrostruktur als Voraussetzung für die hohe Festigkeit vor, die einem oder mehreren der in Tab. 5 [9] gezeigten Faktoren gerecht wird.

Tabelle 5

Möglichkeiten zur Erhöhung der mechanischen Festigkeit und des Spannungsintensitätsfaktors

— Hohe Dichte durch kleine Körner (< 1 µm), d. h. große spezifische Oberfläche für den Sinterprozeß
— Bildung definierter Mikrorisse und Mikroporen
— Einlagerung von Zweitphasen
— Schaffung bidisperser Korngefüge
— Spannungsinduzierende Phasenumwandlungen
— Abbau von Oberflächenfehlern

Unterschiedliche Technologien sind erforderlich, um Werkstoffe mit der geforderten Struktur zu erzeugen.

Es beginnt mit den Rohstoffpartikeln, die sich in einem Korngrößenspektrum von 50 nm bis maximal 1 µm bewegen sollen. Durch die mechanische Zerkleinerung natürlicher Rohstoffe, d. h. traditionelles Mahlen, sind solche Feinheiten nur mit hohem Aufwand und in der Regel bei Inkaufnahme von Verunreinigungen durch die Mahlkörper zu erreichen. Deswegen weicht man auf synthetische Rohstoffe aus, die auf chemischem Weg, durch die Coprecipitation, durch die Glaskristallisationstechnik, die Sol/Gel-Technik, unter Zuhilfenahme von Plasmen und durch viele weitere Methoden hergestellt werden. Der Aufwand ist natürlich auch hier ein erheblicher, und es wird eine internationale Arbeitsteilung erwartet.

Die Art der Formgebung der keramischen Rohlinge hängt zunehmend mehr von dem sich anschließenden Sinterprozeß ab und verläuft ggf. sogar gleichzeitig mit ihm. Meist handelt es sich jedoch um mehrstufige Vorgänge mit vielen Übergangsformen.

So kann beispielsweise primär ein poröser Körper aus SiC hergestellt werden. Es schließt sich eine Tränkung mit metallischem Silicium an, worauf dann in einem abschließenden Hochtemperaturprozeß bei Einwirkung von Graphit, Ruß oder auch von C-abspaltenden Gasen die hochdichte und gleichzeitig hochfeste SiC-Keramik entsteht. Die Kurzbezeichnung für so hergestelltes SiC lautet SiSiC.

Ein typischer einstufiger Prozeß wäre das Heißpressen. Das Pressen erfolgt in Spezialmatrizen bei unterschiedlicher Beheizung derselben, so daß Pressen und Sintern parallel erfolgen. Auch hier entsteht ein hochdichter Werkstoff, jedoch bei geringeren Temperaturen und Drücken, als wenn beides getrennt erfolgt. Die Kurzbezeichnung für Heißpressen „HP" findet man beim konkreten Werkstoff z. B. als HPSiC wieder. Das Heißpressen gestattet es insbesondere, Mikroporen und -risse ganz definiert einzustellen.

Als zukunftsträchtigste, aber auch extrem aufwendige Technologie wird das Heißisostatikpressen (Kurzform: HIP) von vielen Fachleuten angesehen. Meist handelt es sich um eine mehrstufige Technologie. In einer ersten Phase wird ein stabiler, noch relativ poröser Körper hergestellt, der den Vorteil hat, sich noch relativ leicht mechanisch bearbeiten zu lassen. Um das Erzeugnis mit Fertigmaßen engster Toleranzen herstellen zu können, wird das Halbfabrikat nachgeschliffen und ggf. poliert. Dann erst erfolgt der eigentliche HIP-Prozeß, bei dem bei hohen Temperaturen hohe Drücke allseitig auf das Werkstück wirken. Ein großes Problem bereitet das Material für die elastische Form, die den isostatischen Druck aufnimmt und die hohen Temperaturen aushält. Ein schmelzender Film eines geeigneten Glases könnte die Lösung sein. Nach dieser Technologie hergestelltes SiC trägt dann die Bezeichnung HIPSiC.

Nun zu einigen Eigenschaften von Konstruktionskeramiken. *Tabelle 6* [14] zeigt Angaben, wobei sich der aktuelle Stand ständig weiterentwickelt. Interessant sind auch die großen Temperaturbereiche, in denen sich die Festigkeit nur wenig ändert. Für Si_3N_4-Konstruktionskeramik bleiben die hohen Festigkeiten bis 1000 °C erhalten, SiC-Konstruktionskeramik kann bis 1400 °C eingesetzt

Tabelle 6

Mechanische Eigenschaften einiger Konstruktionskeramiken

Werkstoff	σ_B (MPa)	K_{IC} (MPa · $m^{1/2}$)
Al_2O_3	≈ 400	3···5
Si_3N_4	≈ 700	
. RBSN	150···350	2···3,4
. SSN; SRBSN	450···750	3···8
. HPSN	600···950	3,5···7
SiC	≈ 600	
. RSiC	120···220	
. SSiC	450···550	5
. HPSiC	550···800	4,5···5,5
. SiSiC	350···500	2···5
MgO	≈ 700	4···6
ZrO_2	≈ 600	8···10

werden. Für HIPSiC läßt sich bis 1400 °C kein Temperatureinfluß auf die Festigkeit erkennen.

Zusammenfassend sei gesagt, daß, ebenso wie die Dampfmaschine, der Otto- und der Dieselmotor sowie die Elektrizität völlig neue Industriezweige geschaffen und dem Menschen eine veränderte, bequemere Umwelt gegeben haben, durch neue Keramik- und Glaswerkstoffe im kommenden Jahrtausend und beginnend bereits heute eine neue technische Entwicklungsperiode vor uns liegt.

Literatur

[1] J. Bruntsch: Beitrag zum Zusammenhang zwischen Struktur und Eigenschaften von Gläsern im System $CaO-B_2O_3-Al_2O_3$. Promotionsschrift zur Dissertation A, Technische Hochschule Ilmenau, 1987

[2] W. Vogel: „*Struktur und Kristallisation der Gläser*". VEB Deutscher Verlag für Grundstoffindustrie, Leipzig 1971

[3] J. Lehmann: Untersuchungen zum Einfluß niedrigfrequenter elektrischer Felder auf die Kristallisation von Gläsern des Systems $BaO-TiO_2-SiO_2-Al_2O_3$. Promotionsschrift zur Dissertation A, Technische Hochschule Ilmenau, 1984

[4] N. M. Pavluškin: „*Osnovy technologii sitallov*". Strojizdat, Moskva 1979

[5] T. Reetz: Herstellung feindisperser keramischer Pulver. Aus der Arbeit von Plenum und Klassen der AdW der DDR. Keramische Sonderwerkstoffe. 2/1985, S. 36–46

[6] D. Hennings: Barium Titanate Based Ceramic Materials for Dielectric Use. Vortrag zum World Congress on Hightech Ceramics, 24–28. Juni 1986, Mailand

[7] Tsutomu Minami, Masami Tanaka: Structure and ionic transport of super ionic conducting glasses in the system $AgJ-Ag_2O-MoO_3$. Proceedings des XII. Internationalen Glaskongresses, Albuquerque, 1980, S. 289–294

[8] Tetsuro Yoshida, Yoshimi Matsuno: The Electronic Conduction of Glass and Glassceramics Containing Various Transition Metal Oxides. Proceedings des XII. Internationalen Glaskongresses, Albuquerque, 1980, S. 341–346

[9] L. Michalowsky: Physikalische Grundlagen der Entwicklung keramischer Werkstoffe. Aus der Arbeit von Plenum und Klassen der AdW der DDR. Keramische Sonderwerkstoffe. 2/1985, S. 2–25

[10] A. Noldechen: Die Zürich-Oxide. Technische Rundschau 24/87, S. 118–121

[11] B. Hamann, D. Hülsenberg, V. Winkler: An Kupfer angepaßte Vitrokeramik. Wissenschaftliche Zeitschrift der TH Ilmenau **33** (1987) 4, 155–160

[12] J. W. Fleming: Progress in Plasma Preparation of Light Guides. Postervortrag zum XII. Internationalen Glaskongreß, Albuquerque 1980

[13] W. Glaser: „*Lichtleitertechnik — Eine Einführung*". VEB Verlag Technik, Berlin 1981

[14] W. Pompe: Entwicklung von Keramiken mit besonderen mechanischen Eigenschaften. Aus der Arbeit von Plenum und Klassen der AdW der DDR. Keramische Sonderwerkstoffe. 2/1985, S. 47–61

Bei Fragen zur Produktsicherheit wenden Sie sich bitte an:
If you have any questions regarding product safety,
please contact:

Walter de Gruyter GmbH
Genthiner Straße 13
10785 Berlin
productsafety@degruyterbrill.com